全球/中国重要农业文化遗产：河北涉县旱作梯田系统丛书

U0224526

梯秀太行

——涉县旱作梯田系统图文解读

贺献林　主编

贾和田

刘国香　王海飞　副主编

中国农业出版社

北　京

图书在版编目（CIP）数据

梯秀太行：涉县旱作梯田系统图文解读/贺献林主编．—北京：中国农业出版社，2022.6

（全球/中国重要农业文化遗产：河北涉县旱作梯田系统丛书）

ISBN 978-7-109-29402-8

Ⅰ.①梯… Ⅱ.①贺… Ⅲ.①旱作农业－梯田－农业系统－涉县－图解 Ⅳ.①S157.3-64

中国版本图书馆CIP数据核字（2022）第082087号

中国农业出版社出版

地址：北京市朝阳区麦子店街18号楼

邮编：100125

责任编辑：王琦璐

版式设计：王　晨　　责任校对：吴丽婷　　责任印制：王　宏

印刷：北京通州皇家印刷厂

版次：2022年6月第1版

印次：2022年6月北京第1次印刷

发行：新华书店北京发行所

开本：787mm×1092mm　1/16

印张：13

字数：300千字

定价：180.00元

《全球/中国重要农业文化遗产：河北涉县旱作梯田系统丛书》

编辑委员会

《全球/中国重要农业文化遗产：河北涉县旱作梯田系统丛书》

本书编委会

主　　编	贺献林
副 主 编	贾和田　刘国香　王海飞
编写人员	陈玉明　王玉霞　牛永良　王萍萍　付亚平
	江军霞　贾王鹏　张少青　赵海花　翟青峰
	黄　泽　贺振宁　李海东　丁　丽　张建刚
	宋怡豪　武想平　牛爱荣　孙军玉　李娟娟
主　　审	史保明
副 主 审	李　志　赵志刚　郭　伟　牛东阳

序 一

　　梯田，是在山坡丘陵上沿等高线方向修筑的条状阶台式或波浪式断面的田地。中国梯田栽培的历史悠久，分布广泛，广西龙脊梯田、云南元阳哈尼梯田、湖南紫鹊界梯田，包括本丛书介绍的河北涉县旱作梯田都是其中比较著名的代表。

　　涉县旱作梯田农耕形式最早可以追溯到春秋末期赵简子屯兵筑城、养材任地时期。经历朝历代逐步修建发展，到元、明、清三代开发垦筑，初具规模。抗日战争和解放战争时期，涉县人民响应晋冀鲁豫边区政府号召，整修梯田、扩大生产、支援前线。新中国成立后，涉县人民继承先辈的优良传统，治山修田不止，使旱作梯田规模进一步扩大，质量大幅度提高，粮食产量稳步提升，农业系统不断完善。

　　现存的涉县旱作梯田核心区包括3大片区46个村，总面积205平方公里，其中，旱作梯田面积3.5万亩，地块大小不一，形状不一，土层厚度也不一样。分成25万余块，每块梯田的平均面积为0.14亩；土层厚的不足0.5米，薄的仅0.2米；石堰高的达7米，低的1米左右，石堰平均厚度0.7米，每平方米石堰大约有160块大小不等的石头垒砌而成，每立方米石堰大约需要400块大小不等的石块。涉县旱作梯田的石堰长度近1.5万公里，高低落差近500米。在一座座山岭上，一层层的梯田从山脚盘绕至山顶，错落有致，蔚为壮观，被联合国世界粮食计划署专家称作"中国的第二长城""世界一大奇迹"。

　　涉县旱作梯田系统是当地先民通过适应和改造艰苦的自然环境发展并世

代传承下来的山区雨养农业系统。千百年来，人们在太行山沟、坡、岭、峧、垴等多种地貌修筑了大量梯田，形成了梯田的景观多样性，保存了丰富的生物多样性，创造了独具特色的农耕技术。同时，在这一农业系统上形成了饮食文化、石文化、驴文化、民俗文化等钟灵毓秀的文化多样性，使得遗产系统一代代活态传承，成为中国北方旱作农耕文化的典型代表。

习近平总书记十分重视传统的农耕文化，明确指出农耕文化是我国农业的宝贵财富，是中华文化的重要组成部分。涉县全面贯彻习近平总书记的指示要求，对旱作梯田的农耕文化进行保护挖掘，确立了政府主导、专家指导、部门牵头、企业参与、社会资助等多方参与的工作机制，多措并举，激发内生动力，组织开展了梯田作物品种、村落文化普查及大中专院校学生研学体验等一系列活动。特别是中国共产党涉县第十四次代表大会以来，涉县将"县城、乡村、园区、生态"作为支撑县域发展的重要平台，不遗余力地推动农业农村现代化，全方位保护开发梯田文化资源，使得涉县旱作梯田在新时代绽放出更加丰富多彩的文化光芒。

当前，正处在"巩固拓展脱贫攻坚成果，全面推进乡村振兴战略"的关键时期，既要借鉴现代农业先进生产技术，更要继承祖先留下的璀璨农耕文明，弘扬优秀农业文化，学习前人智慧，汲取历史营养。为此，我们组织策划和编撰的《全球/中国重要农业文化遗产：河北涉县旱作梯田系统丛书》，是对涉县旱作梯田农业文化遗产保护与宣传的有益探索和尝试，希望借此让更多的人关注涉县的农业文化遗产，从传统农业中探寻一条新时代农业农村高质量发展之路。

中共涉县县委书记　董路明

2022年3月

序
二

2022年5月20日，对于河北涉县来讲，是足以写入历史的日子，在这一天联合国粮农组织网站上正式发布消息，河北涉县旱作石堰梯田系统与福建安溪铁观音茶文化系统、内蒙古阿鲁科尔沁草原游牧系统，携手入列全球重要农业文化遗产（GIAHS）名录。至此，在全世界23个国家和地区的65项全球重要农业文化遗产中，不仅有了河北涉县这一地名，更有了旱作石堰梯田这一特殊类型。

当晚，斟了一杯酒，为自己历经4年多在涉县、安溪、阿鲁科尔沁旗的申遗中所做的努力终获成功，为自己从2005年投身农业文化遗产保护事业到如今的坚持，也为了自己在三地申报和保护中做了一点工作、去了一些地方、交了一帮朋友。看到献林先生所发朋友圈："2022年5月20日河北涉县旱作石堰梯田系统被正式认定为全球重要农业文化遗产，为之奋斗10年，我自己小酌一杯庆贺一下！"真可谓"心有灵犀"。

3天以后，当我电话联系献林先生寻求资料上的帮助时，他用略带紧张的声调说希望我能为他主编的关于涉县旱作梯田丛书作序。尽管知道这套图文并茂、科学与文化相融的优秀图书并不需要我来增色，也知道已冠上"全球重要农业文化遗产"这一响亮头衔的涉县梯田也不需要我来推荐，但因为我对于涉县梯田、对于献林先生、对于农业文化遗产的特殊感情，虽略有迟疑，我还是答应了。

我能够知道在太行山深处有这样一个堪称"世界奇迹"的神奇人造农业

景观，还要感谢中国农业大学的孙庆忠教授。还记得在2014年评选第二批中国重要农业文化遗产项目时，他谈起涉县梯田以及梯田里的小米和花椒、王金庄及村里的石头屋与石头路、毛驴的特别价值与驴文化，激发了我对于涉县的向往。后来，他还给我推荐了一位优秀的学生李禾尧，成就了他从社会学专业向自然资源学专业的跨越，并将涉县旱作梯田作为案例之一，完成了题为《农业文化遗产关键要素识别及管理研究——以梯田类农业文化遗产为例》的博士学位论文。

真正有机会走进涉县、走进涉县梯田、走进王金庄，还是2016年10月我应邀参加"涉县旱作梯田保护与发展暨全球重要农业文化遗产申报专家咨询会"和组织"第三届全国农业文化遗产学术研讨会"。虽因为会期紧张而无法细细品味，但一些初步的认识已经印刻心中。2017年6月在接受《河北日报》记者采访时曾经表达了这样的看法："在长期的历史发展中，涉县旱作梯田与周围环境不断协同进化和适应，形成了独特的旱作梯田农业发展理念。该理念基于对当地资源的充分利用和与环境的协调发展，使农民既能满足自身的生存发展需要，又不对当地的自然资源造成破坏，形成了一种可持续的农业发展模式。涉县旱作梯田农业系统不仅体现了中国的传统哲学思想，同时也对全球农业可持续发展具有积极意义。"

如果没有记错的话，应当是2015年冬季的一个晚上在中国农业大学孙庆忠教授的办公室第一次见到了献林先生。第一感觉是一位非常实在而又干练的人，他的言谈举止无不体现出学者风度，黝黑的脸庞和干练的风格，更显出是一位长期从事农业的基层干部。之后，为着全国性学术会议组织、为着全球重要农业文化遗产申报合作、为着团队成员多次到涉县开展调研，还有多次在国内外学术会议或其他场合见面，我们接触越来越多，也越来越了解。更加使我确信，涉县的申报工作一定能成功，保护与发展工作也一定做得很好。因为我一直认为并在很多遗产地得到了验证：农业文化遗产发掘与保护既需要地方主要领导的重视和多学科专家团队的支持，还一定要有一位有情怀、懂技术、会管理的"技术型领导"投入其中并长期坚持。

关于涉县旱作石堰梯田的历史与演变，结构、功能与价值，保护的重要性与必要性，等等。在近期连续的媒体报道多有提及，在《河北涉县旱作梯田系统》一书中也有较为详细的阐述。这套丛书跨度很大，①既有严谨的科学研究成果汇编《梯耕智慧——涉县旱作梯田系统研究文集》，而且这些成果大多出自不同学科的科研工作者之手，用学术语言阐释了涉县梯田的"科学价值"，因此有力支撑了申报文本的编写；②也有以图文并茂形式展示的食药物宝典《梯馈珍馐——涉县旱作梯田系统食药物品种图鉴》，这一堪称"宝典"的资料汇编，是科研人员与地方管理人员齐心协力的成果，"活态传承和利用的五谷杂粮15种68个农家品种、瓜果菜蔬28种58个农家品种、干鲜果品14种40个农家品种、可食菌类15种、可食野菜45种以及野生药用植物72种、药用动物32种。"单就这些数字，就知道"涉县旱作梯田系统农业生物多样性的保护与利用"为什么能获评"生物多样性100＋全球典型案例"，而以此为基础的"种子银行"在专家在线考察时也是给人印象极为深刻；③更有以图文形式全方位解读涉县旱作石堰梯田系统的《梯秀太行——涉县旱作梯田系统图文解读》，从中既可以了解其发展的历史脉络，也可以学习其生态和谐之道，还可以探寻从不为人所知到闻名天下的"申遗历程"。

最后，还想借此机会说明一下，"涉县旱作石堰梯田系统"是截至目前的全世界65项全球重要农业文化遗产之一，也是截至目前的138项中国重要农业文化遗产之一。2015年，农业部发布的《重要农业文化遗产管理办法》明确："重要农业文化遗产，是指我国人民在与所处环境长期协同发展中世代传承并具有丰富的农业生物多样性、完善的传统知识与技术体系、独特的生态与文化景观的农业生产系统，包括由联合国粮农组织认定的全球重要农业文化遗产和由农业部认定的中国重要农业文化遗产。"据此不难看出，农业文化遗产作为一种新的遗产类型与一般意义上的自然与文化遗产或者非物质文化遗产的区别之处。

2022年是联合国粮农组织发起全球重要农业文化遗产保护倡议20周年和中国启动中国重要农业文化遗产发掘与保护工作10周年。20年前，联合国粮农组织发起全球重要农业文化遗产（GIAHS）保护倡议的根本目的，是为了应对农业生物多样性减少、食物与生计安全、传统农耕技术和乡村文化丧失等问题，保障粮食安全，促进农业和农村可持续发展和乡村振兴。10年前，中国重要农业文化遗产发掘与保护工作伊始，就明确了其对于切实贯彻落实党的十七届六中全会精神的重要举措，保护弘扬中华文化的重要内容，促进我国农业可持续发展的基本要求和丰富休闲农业发展资源，促进农民就业增收重要途径的重要意义。

我曾经多次呼吁，全球/中国重要农业文化遗产是以农业为基础，具有经济、生态、社会、文化多重功能与价值的特殊遗产类型。正是因为这种遗产的保护与传承需要以农业生产为基础，自然会受到农业科技发展、气候条件变化、政策与市场影响，我们无法、也没有必要进行"原汁原味"的冷冻式保存，但又需要在自然与社会经济条件变化下保持遗产核心价值的不变。

毫无疑问，这是一个挑战。但既然接受了这个挑战，我们能做的就只有一起努力。因此，我们需要尽快从申遗成功的喜悦中走出来，按照《重要农业文化遗产管理办法》的要求，尽快落实向联合国粮农组组织承诺的"行动计划"中的各项任务。需要牢记的是：农业文化遗产保护成败的关键，在于农业是否可持续发展。因此，涉县旱作石堰梯田系统保护成败的关键，依然在于农业是否可持续发展。

农业农村部全球重要农业文化遗产专家委员会主任委员

中国农学会农业文化遗产分会主任委员

中国科学院地理科学与资源研究所研究员

2022年5月30日

涉县旱作梯田系统位于太行山腹地、晋冀豫三省交界处，总面积26.8万亩，集中分布在井店镇、更乐镇和关防乡的46个村庄。其中最具代表性、最具规模的是井店镇王金庄旱作梯田。

涉县旱作梯田系统，1990年被联合国粮食计划署专家称为"世界一大奇迹""中国的第二长城"；2014年被农业部认定为"中国重要农业文化遗产"；2019年被农业农村部推荐申报"全球重要农业文化遗产"。2021年，在中国昆明召开的联合国《生物多样性公约》第15次缔约方大会上，"涉县旱作梯田系统农业生物多样性保护与利用"被评为"生物多样性100＋全球典型案例"之一。2022年5月9日，通过联合国粮食及农业组织全球重要农业文化遗产科学咨询小组专家的线上考察，5月20日被正式认定为全球重要农业文件遗产。

为了更好地挖掘、保护、开发涉县旱作梯田系统的文化底蕴，在中国科学院地理科学与资源研究所、中国农业大学人文与发展学院指导下，我们组织策划和编撰了《全球/中国重要农业文化遗产：河北涉县旱作梯田系统丛书》，以期详细解读涉县旱作梯田系统形成与演化历史、延续千年的原因及当前所面临的威胁与挑战，提高全社会对重要农业文化遗产及其价值的认识和保护意识。其中《梯秀太行——涉县旱作梯田系统图文解读》一书，利用图片展示涉县旱作梯田系统的历史起源、景观多样性、生物与文化多样性及其多方参与的保护和利用。

该书是在中国科学院地理科学与资源研究所、中国农业大学人文与发展学院指导下，通过进一步调研编写完成的，是集体智慧的结晶。全丛书由涉县农业农村局牵头组织推进，具体由贺献林设计框架，贺献林、贾和田、刘国香、王海飞统稿。在调研和编写过程中，得到了河北省农业农村厅、涉县人民政府及有关部门和乡镇的大力支持，涉县旱作梯田保护与利用协会等单位和机构给予了全力支持和配合，在此一并表示感谢！

由于时间仓促，水平有限，缺点错误在所难免，诚心希望各位读者提出宝贵意见，以便于修改和提高。

编　者

2022年3月

目 录

太行梯田　世界奇观

春来料峭田层层，天工巧夺鬼斧工。
问询鲁班偷谁艺？金庄乡里老匠人。

万物复苏的春天（冯承庆 摄）

春意盎然的田野（秋笔 摄）

整装待耕的梯田（秋笔 摄）

白云蓝天下的绿野（涉县农业农村局 提供）

夏至满山野花妍，虫鸟天堂嬉无间。

树上顽童飞语笑，光膊赤跣似长猿。

春生夏长的梯田（涉县农业农村局 提供）

花红柳绿的梯田（涉县农业农村局 提供）

茁壮成长的夏天（涉县农业农村局 提供）

葱蔚泅润的禾田（涉县农业农村局 提供）

秋到清流水潺潺，低头便见水中天。

村庄倒影水墨画，荷锄老者天上仙。

秋水润泽的梯田（拐里水库　涉县井店镇 提供）

硕果累累的秋天（涉县农业农村局 提供）

色彩斑斓的秋天（涉县农业农村局 提供）

禾谷飘香的秋天（秋笔 摄）

冬雪皑皑裹银妆，远山含黛错落藏。

炊烟袅袅腾云起，山庄人家过年忙。

雄伟壮观的太行梯田（温双和 摄）

银装素裹的石头村落（艺影 摄）

白雪皑皑的石堰梯田（涉县农业农村局 提供）

藏金埋银的旱作梯田（涉县农业农村局 提供）

中国重要农业文化遗产标志碑——涉县

七彩梯田（涉县宣传部 提供）

水墨太行山村（艺影 摄于更乐镇南漫驼）

梯田环绕的王金庄（秋笔 摄）

农耕文化是我国农业的宝贵财富，是中华文化的重要组成部分，不仅不能丢，而且要不断发扬光大。

——习近平

一、世代修筑　源远流长

　　涉县旱作梯田兴修始于春秋末期赵简子屯兵筑城、养材任地时期。历经元、明、清三代开发垦筑，初具规模。抗日战争和解放战争时期，涉县人民响应晋冀鲁豫边区政府号召，整修梯田、扩大生产、支援前线。新中国成立后涉县人民继承先辈的优良传统，治山修田不止，使旱作梯田规模进一步扩大，质量大幅度提高。王金庄村在第四届、第五届全国人大代表、党总支书记王全有带领下，自力更生，艰苦奋斗，苦战十五个寒暑，建设高标准梯田700余亩[*]，创造了人间奇迹。最终在核心区王金庄形成了3 500多亩的旱作梯田。它由46 000块梯田组成，高低落差近500米，石堰长度近万里，因此曾被联合国世界粮食计划署专家称为"世界一大奇迹""中国的第二长城"。

太行梯田（涉县农业农村局 提供）

---

　　[*]　亩为非法定计量单位，15亩=1公顷，下同。——编者注

太行山深处的旱作梯田
（崔永斌 摄）

吸纳雨雪的冬日梯田
（涉县农业农村局 提供）

（一）地理位置

涉县旱作梯田地处中国地形第二阶梯的太行山腹地，位于晋冀豫三省交界，地质基岩大部分为石灰岩，易受溶蚀；年平均降水量540毫米，且降水变化大，十年九旱，石厚土薄，属半湿润偏旱农业区。

巍巍太行山

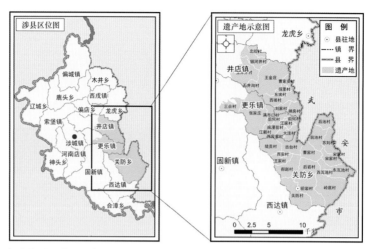

涉县的地理位置（中国科学院地理科学与资源研究所　杨荣娟　刘洋/绘）

（二）历史见证

春秋时期的古兵寨、元代的香亭、明代的故居、古道、寺庙、清代的曹氏宗祠以及不同时期修建的石庵子是先民们兴修梯田历史的最好见证。

传说赵简子屯兵遗址（赵兴善　提供）

王金庄古代兵寨遗址
（李家寨）（秋笔　摄）

更乐镇前河村，水毁后露出的早期梯田石堰（贺献林　摄）

重修龙王庙舍香亭记

尝谓圣贤尔庙贸之道者，乃神鬼之基。虽年久柱弯，倾颓损坏，而灵者万载不朽之。新兹者显圣，埰生马子，督令香首王锡、曹子云等，劝化本村曹氏茔内树木瓦片，率社众人等，于本年八月初八日起建。高埠抽换梁木时，观见楼板上书记：初建大元庚寅年（1230年）庚辰日功德主王宽、木匠张兰。并大元大德三年（1299年）功德施主洪福寺僧人钦锡氏王通等重修一番。人烟浍淳，相会相继，龙山四五神堂东坡大段地总计一社，古今不遗之失。大明国河南彰德府磁州涉县龙山社第三里，见王金庄村居住香首王锡、曹子云一起建造香位。石匠杨子雷，铁匠连久今，木匠王大岗，泥水匠吴志能，小甲李金、李直。

大明嘉靖二十一年十二月十六日立

香亭记：王金庄龙王庙始建于大元庚寅年（1230年）

明万历年间修建的王金庄黄龙洞
（涉县农业农村局 提供）

建于元代的王金庄王金古居
（涉县井店镇 提供）

建于清代的王金庄曹氏宗祠
（涉县井店镇 提供）

建于明代的关防乡岭底
村御露岭古道
（郭文硕 提供）

修梯田时石寨遗存
（涉县农业农村局 提供）

整修一新的王金庄一街
元代大碾坡
（涉县井店镇 提供）

清代建于王金庄石崖沟的形态各异的石庵子

梯田广场的石庵子群（秋笔 摄）

梯田广场的石庵子群（秋笔 摄）

大南南岔地庵子：咸丰二年

大南南岔地庵子：咸丰二年

石崖沟沟口的石庵子：同治十四年

石崖沟沟口的石庵子：同治十四年

石庵子：光绪十一年正月十八日立（秋笔 摄）

石庵子：光绪十一年正月十八日立（秋笔 摄）

石庵子：同治十四年正月二十八日（秋笔 摄）

石庵子：同治十四年正月二十八日（秋笔 摄）

石庵子：光绪壹拾年正月三日立

石庵子：光绪壹拾年正月三日立

石庵子：光绪十一年十一月二十四日立

石庵子：光绪十一年十一月二十四日立

石庵子：咸丰九年四月二十五日立

石庵子：咸丰九年四月二十五日立

石庵子：咸丰九年四月二十五日立

连栋石庵子（秋笔 摄）

原李泥的，现李文榜地的石庵子：
上有文字<和为贵>

原李泥的，现李文榜地的石庵子：上有文字<和为贵>

原曹贵堂的，现曹分定地的石庵子：上
有石刻咸丰四年

原曹贵堂的，现曹分定地的石庵子：上有石刻咸丰四年

石庵子：中华民国十一年五月六日立

石庵子：中华民国十一年五月六日立

石庵子：民国三十四年四月二十日立

石庵子：民国三十四年四月二十日立

岩凹沟1965年石刻文字

　　书读毛主席的书，话听毛主席的话，人做大寨人，天大的困难也不怕，岩凹高，没有我们志气高，石头硬，没有我们决心硬，工程大，没有我们干劲大。

岩凹沟治山专业队誓言

一九六五年秋

1965年修梯田石刻：立下愚公移山志，敢叫日月换新天

1965年修梯田石刻，心中有朝阳，前进路上无阻挡

李榜铎（1945年生）1962年与其父、二哥一起修的梯田

（三）当代传承

第四届、第五届全国人大代表、王金庄村党总支书记王全有，是一个时代的象征。20世纪六七十年代，他带领村民一战修梯田，在岩凹沟修筑梯田700余亩；二战修水库，在困难重重的情况下，建成王金庄团结水库；三战通隧道，打通王金庄至井店的隧道，终结了王金庄世世代代出山爬坡越岭的历史。

时任王金庄村党总支书记 王全有

王金庄三街李起堂

王金庄一街王东英（原铁姑娘队队长）

2015年王金庄二街王茂廷（81岁）与其子王金魁（54岁）、孙女婿刘保耀（王金庄四街，28岁）一起修梯田（涉县农业农村局 提供）

王金庄三街老石匠李天顺

2015年王茂廷祖孙三代修的梯田
（涉县农业农村局 提供）

2021年改造后通车的王金庄隧道
（秋笔 摄）

联合国世界粮食计划署官员在考察王
金庄梯田（涉县农业农村局 提供）

联合国世界粮食计划署官员在考察王金庄梯田（涉县农业农村局 提供）

联合国世界粮食计划署官员在考察王金庄梯田时感叹："看到这里的石堰，让我想起了中国的万里长城"（涉县农业农村局 提供）

　　我们要深怀对自然的敬畏之心，尊重自然、顺应自然、保护自然，构建人与自然和谐共生的地球家园。

——习近平

二、石堰梯田　雕刻太行

"经不息的大河淘洗，经亿万年的寂寞沉淀，石缝缝里长树，石窝窝里种粮。日升日落，生生不息。"在沟、坡、岭、峧、垴等多种地貌就地取材、凿石垒堰筑起的石堰旱作梯田，成为在太行山上最美的山体雕刻立体景观。

（一）与人共进

据史料记载：自元代以来，涉县随着人口变化，梯田的面积不断增加，梯田的标准不断提高。人们在与半干旱石灰岩山地协同进化和动态适应下，创造了规模宏大的旱作石堰梯田系统，实现了梯田与人的和谐共生，协调发展。

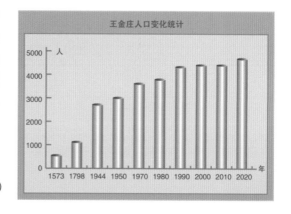

王金庄人口变化统计
（涉县农业农村局　提供）

涉县梯田与村庄、人口变化情况统计表

时　期	新开垦梯田面积（亩）	新增村落数量（个）	新增常住人口数量（人）
1271—1368 年（元代）	7 600	7	6 896
1368—1457 年（明初）	68 712	75	53 991
1457—1505 年（明成化年间）	13 933	19	11 484
1506—1565 年（明嘉靖年间）	16 404	23	14 507
1566—1620 年（明末）	8 450	13	6 398
1616—1661 年（清初）	9 907	19	8 563
1661—1735 年（清康熙雍正年间）	18 762	32	16 156
1735—1795 年（清乾隆年间）	11 114	33	9 214
1796—1850 年（清嘉庆道光年间）	9 950	74	5 566
1850—1911 年（清末）	11 579	98	8 999
1911—1961 年（民国至中华人民共和国）	1 327	21	1 156

涉县梯田与村庄、人口变化情况统计表
（涉县农业农村局　提供）

20世纪60年代的王金庄村貌（涉县井店镇　提供）

王金庄村新貌（涉县井店镇 提供）

修复梯田（秋笔2020年于王金庄 摄）

（二）复杂地貌（在沟、坡、岭、峧、垴等多种地貌修筑的梯田）

涉县地处太行山腹地，重峦叠嶂，沟壑纵横，涉县人民在复杂的地理环境中，依山就势、层蹬横削，叠石相次、包土成田，把脆弱的石灰岩山体雕刻成雄伟壮观的大地艺术景观，不仅保持了水土，改善了生态环境，更使资源匮乏的穷山恶水成为人们安居乐业的生态家园。

涉县王金庄梯田分布图

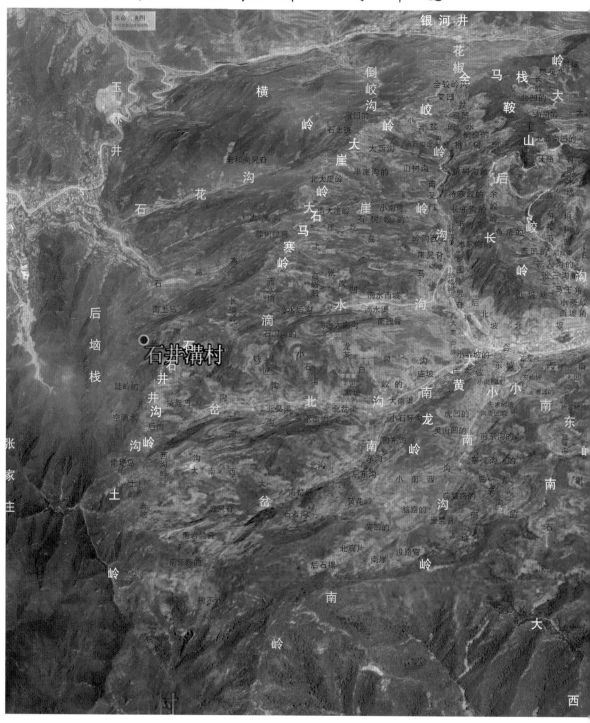

　　涉县旱作梯田系统核心区的王金庄，3 500多亩梯田，分布在12平方公里24条大沟120余条小沟里，每一条山沟，都是勤劳智慧的村民们适应自然、改造环境的有力见证。

令人惊叹的石堰梯田（涉县农业农村局 提供）

航拍涉县旱作石堰梯田（崔永斌 摄）

王金庄梯田（涉县农业农村局 提供）

雪后的旱作梯田

梯田与村落
（涉县农业农村局 提供）

王金庄岩凹沟梯田俯瞰

王金庄岩凹沟梯田

井店镇曹家安梯田

王金庄大南沟梯田：回望

关防乡后牧牛池梯田风光（武日强 摄）

关防乡后牧牛池梯田山路（武日强 摄）

关防乡后牧牛池梯田（*武日强 摄*）

王金庄石崖沟梯田：俯瞰（*王虎林 摄*）

梯山为田

洼洼里的梯田（秋笔 摄）

王金庄石崖沟磨盘脑（王虎林 摄）

王金庄桃花岭至小桃花水沟梯田

七水岭回望王金庄岩凹沟梯田

王金庄萝卜峧沟梯田

王金庄高峻坡梯田（王虎林 航拍）

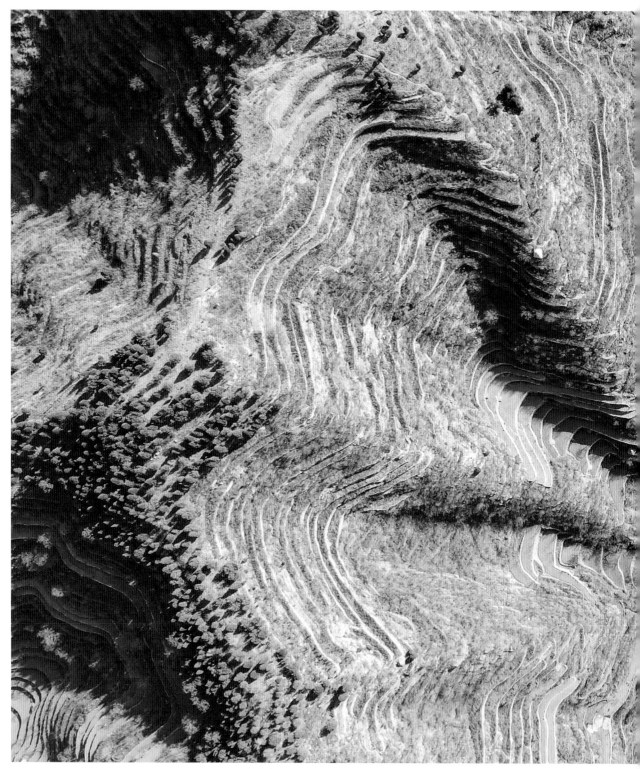

王金庄高峻坡梯田（王虎林 航拍）

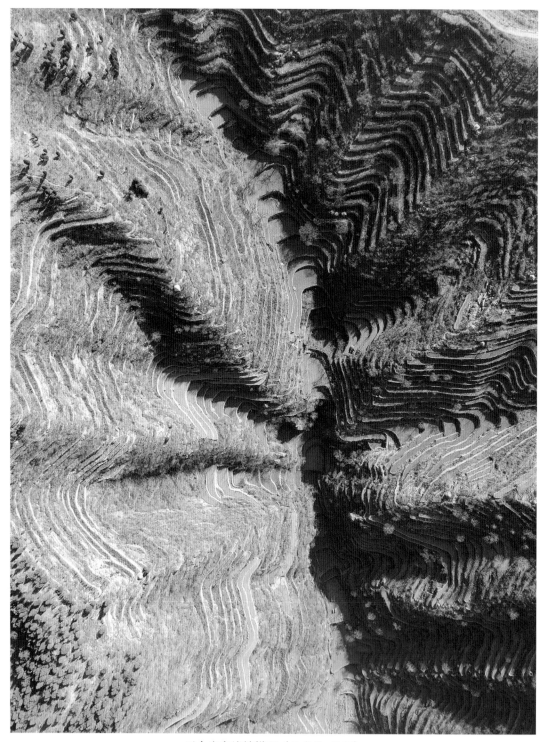

王金庄高峧坡梯田（王虎林 航拍）

（三）梯田里的关键要素

山路

石桥（温双和 摄）

层层石堰——往上看是石堰

去往梯田的路（秋笔于2021年 摄）

山间道路

通往山上的田间道路

去往梯田的羊肠小道（秋笔于 2021 年 摄）

黑枣树与石庵子

青阳山的石阶山路

青阳山的石阶山路

梯田里的石堰台阶路

双层石庵子（秋笔 摄）

　　石庵子，雅称"田庐"。源自《诗经·信南山》"中田有庐，疆场有瓜"。 意为，大田中间房屋居住，田埂边长着瓜果菜蔬。星罗棋布，点缀在王金庄万亩旱作梯田的石庵子，是不可或缺的生产生活设施，是人们劳作休息、烧火做饭、遮风避雨、贮存农具、寄藏粮菜的场所。

石崖沟石庵子（王虎林 摄）

地庵子

梯田水窖（秋笔于2021年 摄）

石堰梯田悬空镶嵌式拱券

梯田花椒谷子间作

层层石堰层层田，层层石堰椒锁边。在王金庄村周边的万亩石堰梯田，镶嵌着万亩花椒树，形成了独具特色的混农林生态系统。

堆沤的驴粪

（四）梯田景观的微观结构

梯田景观——规整的石堰

层层石堰与层层田

层层石堰与层层田

黑枣树的根

黑枣树与梯田石堰

花椒树的根固土护梯田

花椒树的根固土护梯田

石板上的梯田
（秋笔于2021年 摄）

垒石堰

梯田土层垂直分布

梯田微结构——土层立体结构

石堰微结构——细碎的小石头

梯田微结构——整齐的石堰边

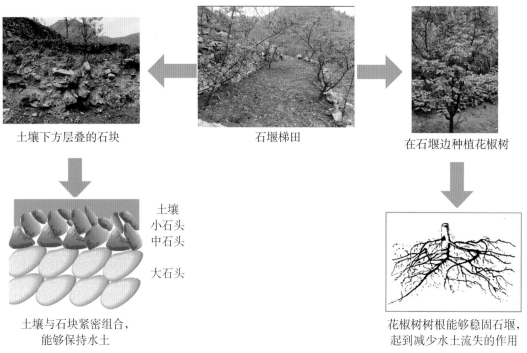

土壤下方层叠的石块　　　　　石堰梯田　　　　　在石堰边种植花椒树

土壤
小石头
中石头

大石头

土壤与石块紧密组合，
能够保持水土

花椒树树根能够稳固石堰，
起到减少水土流失的作用

梯田石堰结构示意图（中国科学院地理科学与资源研究所　提供）

（五）梯田之最

陡坡梯田

精致的石堰

王全庄石崖沟高达6.8米的石堰

王金庄南坡三拱券石堰

最小的"袖珍"梯田—3棵白菜

"袖珍"梯田—1棵花椒树

简易的梯田

最长的石堰梯田

盲人苏泰福修梯田的故事

民国初年，邢台沙河县有个叫苏泰福的盲人，因早年丧父，家遭不幸，为了谋生，流落到王金庄，住在了王金庄二街王富堂家中。由于他为人正直憨厚，与邻居们相处得特别好。久而久之依靠算卦，有了一些积蓄。因他越住越对王金庄有感情，所以他决定在此扎根，扎根就得有土地，他对王富堂说："你给我帮个忙吧。"王富堂说："什么忙？"他把想买坡修地的打算一五一十全倒了出来。

王富堂帮苏泰福从二街村上的北坡上买了一片荒坡。至那以后，他白天算卦，晚上去修梯田。经过两年的苦战，他修起了长约十多丈、高约七八尺、宽约丈余的梯田三四块。买下的第一片坡修完后，他又让房东从石榴闯给买了两片，一片在岭的这边，一片在岭的那边。他就像愚公一样，每天修山不止。

有一次，他在垒堰时，遇到一块大石头，就用撬慢慢将石头撬起，然后再用小石头垫在下面，一步一步往起撬。但他顾上撬石头顾不上垫垫石，一不小心，撬嘴脱落，石头落下，将其手指砸破，鲜血从他手指上冒了出来，就这样他也没有在乎疼痛，只是抓了一把土，捂在伤口处，然后撕下破碎的袖口，简单地包扎在伤口上，继续垒起堰来。

又有一次，他用撬棍在山坡上撬石头时，因用力过猛，撬嘴脱落，从山坡圪台上摔下来昏了过去。不知过了多久，他才慢慢苏醒过来，但等他摸到了明杖棍子，这才松了一口气。因为他在干活时离不开它。每逢垒堰的时候，他总是用棍子做高低，比长短。垒一棍子长就在附堰石放一块比较高一点的石头。等一道堰垒成之后，他摸一摸附堰石上高一点的石头有几块，那堰长度数字就出来了。明杖棍子成了他干活的标尺，遇上树木植物时，他总是用棍子敲打一下，如敲打颤动得厉害，是小树木或植物；如颤动不厉害，就是大树木，然后再用棍子指验高低，再用镢头刨去。

一年冬天，他在石榴闯垒堰时，遭遇上一个长五尺、宽四尺、厚尺余的大石头。他用明杖棍子做了比对后，先将大石头周围的碎石头抠掉。然后将大石头底下的土用镢头慢慢掏去，掏了一半之后，他的镢头够不着掏了，他就钻在大石头下面去掏。眼看着大石头失去了重心就要落下来，但他还没有察觉。就在这千钧一发之际，早起干活的刘有顺和父亲正好从这里经过，见状上前一把揪住苏泰福的后衣襟将他从大石头底下拖了出来，就在这时大石头落了地。

功夫不负有心人，在他数十年的辛勤劳动下，买下的荒坡全部修成了梯田，面积有五亩多。苏泰福因修梯田疲劳过度，积劳成疾，于1953年5月6日病故于王富堂家中，享年59岁。死后由王岩后、王锡禄和刘合锅等几个苏福泰的干儿子将其葬于村东坡上一个地角，并立碑为证。

苏泰福虽去世了几十年，但他修的梯田还在，他勇于吃苦、坚忍不拔的精神还在民间一代一代传颂。

最不可想象的梯田：民国初年盲人
苏泰福修建的梯田

最不可想象的梯田：民国初年盲人
苏泰福修建的梯田

最不可想象的梯田：民国初年盲人
苏泰福修建的梯田

雄伟壮观的太行梯田（崔永斌 摄）

（六）旱涝交替

2016年洪水之后梯田出水

2016年7月丰水年梯田玉米

干旱年的梯田（2019年7月18日）

干旱年的梯田（2019年8月5日）

干旱年的梯田作物（2019年9月4日）

2016年7月丰水年的梯田

上山摘花椒（涉县井店镇 提供）

梯田耕作归来（涉县井店镇 提供）

　　由石头、梯田、作物、毛驴、村民共同构成的规模宏大、浑然一体的旱作梯田系统，充分展现了涉县人民强大的创造力与顽强的生命力，以及生物多样性、文化多样性和可持续发展的农业文化遗产核心价值。

三、蓄积雨水　精耕保墒

为应对石厚土薄、十年九旱的自然环境，充分积蓄有限降雨，做到小雨藏地不冲地、中雨蓄窖保住田、大雨入库不毁山，在满足农作物用水的同时，也保证了人畜饮水；实施精准蓄雨保墒，年年采取耕二耢二锄三的耕作技术，实现了对有限降雨利用的最大效率。

（一）水利设施

黄龙洞（涉县井店镇 提供）

团结水库（涉县井店镇 提供）

莲花谷水库
（寇永军 提供）

王金庄黄金水道（涉县井店镇 提供）

月亮湖（涉县井店镇 提供）

月亮湖水库大坝（涉县井店镇 提供）

刘家风光（温双和 摄）

水道之美（涉县井店镇 提供）

太行初雪（涉县农业农村局 提供）

山间小河流向前（贾君华 摄）

（二）田间水窖

田间水窖
（秋笔于2021年 摄）

王金庄村蓄水池
（秋笔于2021年 摄）

田间水窖
（秋笔于2020年王金庄 摄）

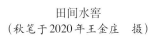

　　干渴的梯田，水是珍贵的，人们采取打水窖、蓄水保墒等多种措施，滋润着梯田，养育着人畜。

集雨水窖：水窖的取水口、水窖盖

集雨水窖：引水沟

路旁的水窖

（三）庭院水窖

庭院水窖的进水口、取水口

庭院水窖取水

（四）精耕保墒

以耕二耱二锄三的耕作技术配合施足底粪、轮作倒茬、椒粮间作的轮作制度为主的山地雨养农业技术体系，不仅使这块贫瘠的山田滋养了一代代先民，而且更培育并传承了丰富多样的食物资源，为子孙后代留下了赖以生存的生态家园，从而成为人与自然和谐共生的典范。

秋季耕地（涉县井店镇 提供）

秋季耢地（涉县井店镇 提供）

吸纳雨雪的"海绵田"

吸纳雨雪的"海绵田"

早春拾掇梯田堰边

冬春施用有机肥

春耕——犁地
（秋笔 摄）

春耕——耢地（秋笔　摄）

春耕后挤地边（秋笔　摄）

早间小苗减少水分消耗

锄小苗—头遍浅

二遍锄—二遍深

锄三遍—三遍把土拥到根

（五）修塘坝担水等抗旱

为植树刨鱼鳞坑（涉县井店镇 提供）

王金庄修塘坝（涉县井店镇 提供）

修建塘坝（涉县井店镇 提供）

塘坝与梯田

王金庄担水抗旱（涉县井店镇 提供）

关防乡岭底村担水种地（涉县农业农村局 提供）

关防乡岭底村用水耧种地（涉县农业农村局 提供）

王金庄的梯田排水系统
（涉县农业农村局 提供）

（六）王金庄明国寺引水渠

取水口

王金庄明国寺凿石槽引水（涉县井店镇 提供）

引水暗渠

引水暗渠

过路石槽

沿路引水石槽

引水进水窖

沿路引水槽

四、保护自然　和谐共生

在祖祖辈辈修筑梯田中，涉县人民尊重自然、顺应自然、保护自然，与自然和谐共处。为了让土地资源发挥到极致，他们统筹规划，山水林田路综合治理。在石厚土薄、降雨极少的石灰岩山区，充分利用当地独特的地理气候条件，绿化荒山，山头栽松柏，兴修水利、路边建水窖，凿石造田，田里种庄稼，修庵垒堰，堰边种植花椒，形成了独特的山地雨养农业系统，保存了大量重要农业物种资源，成为人与自然和谐共生的典范。

（一）生态系统多样性

涉县劳动人民开创了特有的山地雨养农业体系，缔造了宏伟规模的石堰梯田景观，呈现出生态系统多样性、生物物种多样性、遗传多样性，即使是在凶年饥岁也能为当地人民提供了基本的食物资源，为应对复杂多变的气候，提供了中国北方特有的农耕范例。

1.混农林符合生态系统

梯田外的双层石堰，紧密的石层土层，延边种植的花椒树，不仅稳固了梯田，保护了土壤，同时控制水土流失，保住了土壤营养，田内的农作物，保障了人们的基本生计需求，这种农林复合生态系统在脆弱的生态环境中不仅保障了人们的生计安全，更实现了对生物多样性的保护。

混农林复合生态系统（温双和 摄）

混农林梯田系统

混农林梯田系统

山顶植树的梯田

植树的梯田

花椒玉米复合种植

梯田花椒谷子间作（涉县农业农村局 提供）

梯田堰边的花椒树（秋笔于2021年 摄）

花椒树根固土护梯田

2. 梯田生态系统

千百年来，勤劳智慧的涉县人民，为应对石厚土薄、十年九旱的自然环境，精耕细作，蓄水保墒，通过采取两耕两耢三锄的耕作技术，以及施足底粪、轮作倒茬、椒粮间作的轮作制度，形成了一整套农耕技术体系。凭借"地种百样不靠天"的生存智慧，冲破"农业生产靠天收"的自然障碍，使梯田能够奉献更多更好的食物，从而保障了人们的生计安全。

石堰梯田、南瓜与扁豆

石堰黑枣与南瓜复合种植

花椒与柴胡药材复合系统

梯田白菜

紫扁豆

立体扁豆种植

粮菜间作

椒菜混作

粮菜复合种植

立体种植

3. 农牧复合生态系统

在旱作梯田的农牧复合生态系统中，农业子系统以种植作物为主，生产大量作物秸秆及其他有机废弃物，同时从土壤中带走大量营养物质；畜牧子系统以羊、驴、骡养殖为主，不仅消耗掉农业子系统产生的有机废弃物，并通过过腹还田，将其转化为有机肥，回归土壤，滋养梯田。农业子系统与畜牧子系统的复合，逐步形成了"以农促牧，以牧养农"的经济农牧复合系统，既保障了人们的生计安全，又实现了梯田系统的可持续发展。

梯田谷子

岩凹沟羊圈与石庵子

梯田与驴骡（秋笔于2021年 摄）

村落与驴——王金庄的毛驴（陈永平 摄）

（二）物种多样性

据《涉县农业志》记载，河北涉县共有植物4门176科633属1 312种，129变种，共有1 441种。其中含种数较多的科为菊科（Compositae，147种）、禾本科（Gramineae，147种）、豆科（Leguminosae，97种）、蔷薇科（Rosaceae，85种）、百合科（Liliaceae，63种）、唇形科（Labiatae，54种）；有蓼属（Polygonum，24种）、芸薹属（Brassica，19种）、李属（Prunus，17种），含种数较多的属植物种类丰富，第一泛北极植物系和第二古热带植物系特征较为突出。另据《涉县中药志》记载，涉县野生药用植物达到176科1 204种，药用动物75科218种。

1.主要物种组成及其重要值

主要物种组成及其重要值（%）

种名	王金庄	宋家庄	张家庄
花椒（Zanthoxylum bungeanum Maxim）	40.47	34.90	48.70
胡桃（Juglans regia L.）	3.83	7.05	
君迁子（Diospyros Iotus L.）	17.34	2.36	11.41
柿（Diospyros kaki Thunb）	0.88		
泡桐树（Scrophulariaceae）	1.62		5.41
银杏（Ginkgo biloba L.）	0.11		
楸（Catalpa bungei C. A. Mey）	5.15		
黄连木（Pistacia chinensis Bunge）		18.04	2.54
桃（Amygdalus persica L.）		5.77	
杏树（Armeniaca vulgaris Lam）		1.08	0.20

注：中国科学院地理科学与资源研究所提供。

2.不同位置物种多样性指数

不同位置物种多样性指数

位置	物种丰富度指数	辛普森指数	香浓指数	均匀度指数
山顶林地	1.23	0.64	1.22	0.35
梯田荒地	1.65	0.75	3.71	1.03
山脚河沟	1.07	0.57	1.08	0.3

注：中国科学院地理科学与资源研究所提供。

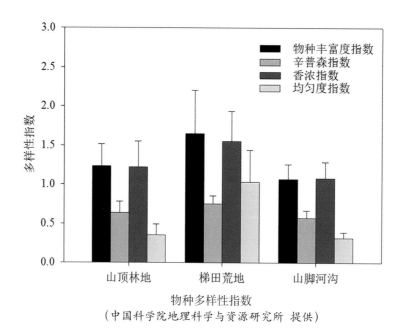

物种多样性指数
（中国科学院地理科学与资源研究所 提供）

3. 国家重点保护野生植物名录

国家重点保护野生植物名录

种名	保护批次	等级	IUCN 等级
苏铁 (*C. revolute* Thunb)	一	I	CR
银杏 (*G. biloba* L.)	一	I	CR
水杉 (*M. glyptostroboides* Hu et Cheng)	一	I	EN
木贼麻黄 (*E. equisetina* Bge.)	二	II	LC
草麻黄 (*E. sinica* Stapf)	二	II	NT
胡桃 (*Juglans regia* L.)	二	II	VU
莲 (*N. nucifera* Gaertn)	一	II	DD
牡丹 (*P. suffruticosa* Andr)	二	II	VU
玫瑰 (*R. rugosa* Thunb.)	二	II	EN
甘草 (*G. uralensis* Fisch.)	二	II	LC
狗枣猕猴桃 (*Actinidia kolomikta*)	二	II	LC
软枣猕猴桃 (*Actinidia arguta*)	二	II	LC
中华猕猴桃 (*Actinidia chinensis* Planch.)	二	II	LC
刺五加 (*A. senticosus* Harms)	二	II	LC
明党参 (*C. smyrnioides* Woloff)	二	II	VU

（续）

种名	保护批次	等级	IUCN 等级
水曲柳（*Fraxinus mandshurica* Rupr.）	一	Ⅱ	VU
角盘兰（*H. monorchis* R. Br.）	二	Ⅱ	NT
天麻（*Gastrodia elata* Blume）	二	Ⅱ	DD
羊耳蒜（*Liparis japonica*）	二	Ⅱ	DD
绶草（*Spiranthes sinensis* Ames）	二	Ⅱ	LC

注：中国科学院地理科学与资源研究所提供。

4. 地理保护产品

涉县柴胡、涉县连翘、涉县黑枣、涉县核桃、涉县花椒已被认定为国家地理标志保护产品。涉县蒲公英、涉县射干正在申请注册国家地理证明商标。

涉县柴胡

涉县连翘

涉县蒲公英

涉县射干

涉县黑枣

涉县核桃

涉县花椒

涉县柿子

5. 药用植物

据涉县中药材资源的野外调查和鉴定，涉县野生药用植物176科1 204种。

丹 参

黄 芩

酸 枣

远 志

地 黄

6. 野生动物

药用动物75科218种，主要有全蝎、五灵脂、刺猬皮、羊角、鸡内金、蜂蜜、夜明砂、望月砂、蝉蜕、蜣螂、僵蚕、土鳖虫、鳖甲、壁虎、水蛭、虻虫、五谷虫、地牯牛、鼠妇虫、地龙、蛴螬、九香虫、桑螵蛸、马陆等。

喜 鹊

蜥　蜴

山公鸡

松　鼠

（三）梯田遗传多样性

在与自然协同进化的过程中，涉县人民按照世代沿袭的传统留种习俗，种植或管理的农业物种有26科57属77种作物171个传统农家品种。

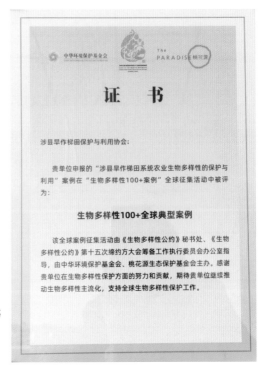

"生物多样性100+ 全球典型案例"证书

王金庄种子银行。自2018年以来，收集保存了传统农作物26科57属77种，共有包括171个传统农家品种

1. 五谷杂粮

五谷杂粮一直是人类赖以生存的主要食物。以黍、稷、麦、菽、麻为主的五谷杂粮，在旱作农业系统中占有特别重要的地位，是维持人类生产生存的主要粮食作物。至今在梯田系统内保留着种类繁多的作物及其农家种，这些作物及其农家种从不同方面维持并满足着人们的食物需求。

稷

麻

黍

麦

菽

玉米

高粱

　　小米、玉米、豆子等是当地的主要粮食作物，人们选择梯田馈赠的良好食材，创值了丰富多样的美食文化。

2. 瓜果蔬菜

瓜果蔬菜，是旱作梯田系统一大类主要食物，当地农谚"糠菜半年粮"，形象地说明蔬菜在其食物中所占据的重要位置，当地至今仍种植和管理着丰富的蔬菜品种，包括豆类、瓜果类、茄果类、叶菜类、根茎类、葱蒜类等各类蔬菜。

南　瓜

紫豆角

白萝卜

胡萝卜

甘 薯

马铃薯

紫扁豆

3. 干鲜果品

干鲜果品包括杏、桃、梨等水果和花椒、核桃、黑枣、柿子等干果两大类。干鲜果品既是人们改善饮食结构的必要组成成分，也是人们食物的有效补充。历史上花椒、黑枣、柿子等既曾是灾害年人们赖以果腹的木本粮食，也曾是丰水年、食物充足时的主要经济作物。而在当今，发展山区特色干鲜果品产业正在成为人们增收致富的主要产业，成为乡村振兴产业发展的主要路径。

秋　梨

未成熟的黑枣（花椒黑枣等传统干鲜果，曾是人们食不果腹时重要的木本粮食和经济树种，现在则是乡村振兴的特色产业）

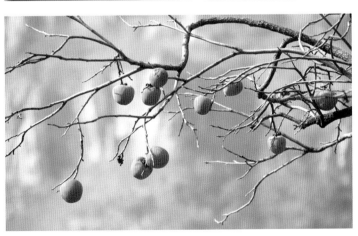

柿　子

（四）人与毛驴　驴与梯田

长期的生产实践，在山高坡陡的梯田里，毛驴成为这里的主要生产工具。梯田产生的大量有机废弃物成为环境的负担，正是毛驴将秸秆过腹还田生产出有机肥，从而滋养了贫瘠的梯田，使毛驴与人、梯田相互依存。

1. 人与毛驴和谐相处

在山高坡陡的梯田里，毛驴已然成为当地人的主要生产伙伴，更是"半个家当"。当地流传着这样一句谚语："打一千骂一万，冬至喂驴一碗面"。为了感恩毛驴一年的辛劳，涉县的人们每年冬至都会为毛驴过生日。人驴共作的生产模式和有关毛驴的文化习俗充实了旱作梯田系统延续的精神内核。

为驴做生日饭

驴吃面条

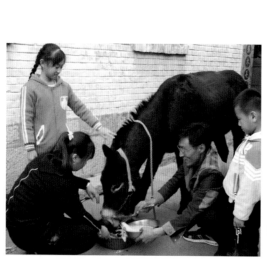

喂驴（秋笔于2020年 摄）

碾 场

推 碾

耕 田

驮 物

载 人

发展旅游

驴 圈

放 驴

2. 驴与梯田共生

旱作梯田系统，在人的作用下巧妙结合，"石头、梯田、毛驴、作物、村民"相得益彰，融为一个可持续发展的旱作农业生态系统。田堰就地取材，由石头垒砌而成，与自然环境浑然一体；花椒栽于石堰旁，树根延伸在石堰缝隙之中，起到蓄土固石的作用；毛驴不仅是这里的主要生产工具，而且梯田产生的大量有机废弃物成为环境的负担，正是毛驴将其过腹还田转化成有机肥，从而滋养了贫瘠的梯田，使毛驴与人、梯田相互依存。

运回梯田生产的秸秆

秆草喂驴

吃 草

驴粪：产出有机肥

准备运粪

送粪去田

运　粪

驴驮粪上山（赵豪杰　晨作）

送粪（秋笔于2020年王金庄 摄）

卸粪（秋笔于2020年王金庄 摄）

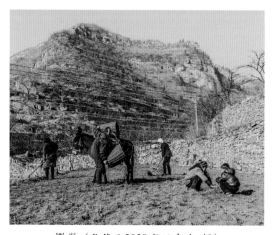

撒粪（秋笔于2020年王金庄 摄）

撒粪（秋笔于2020年王金庄 摄）

秋耕（2013年10月张家庄）

耕 地

种　地

秋耕归来

毛驴在陡坡梯田的秋耕

街巷里的毛驴（秋笔于2020年　摄）

王金庄的毛驴（陈永平　摄）

春耕犁地

街头毛驴

驴 群

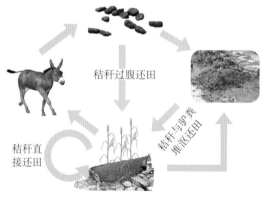

秸秆过腹还田

秸秆直接还田

秸秆与驴粪堆沤还田

驴与梯田有机生态循环图（中国科学院地理科学与资源研究所 提供）

"万物各得其和以生，各得其养以成。"生物多样性使地球充满生机，也是人类生存和发展的基础。

——习近平

五、传承技术　百谷丰稔

千百年来，勤劳智慧的涉县人民，针对贫瘠的山地，通过培肥地力、施足底粪、轮作倒茬、椒粮间作等耕作制度，形成了一整套冬修春播夏管秋收的农耕技术体系。凭借"地种百样不靠天"的生存智慧，冲破"农业生产靠天收"的自然障碍，使梯田能够奉献更多更好的食物，从而保障了人们的生计安全。

（一）石堰梯田修筑技术

修梯田之前的山体

修梯田规划

碾制炸药

铁匠在打造工具

凿 石

垒 堰

砌成的石堰

筛 土

客土造田

筛土垫地

修梯田（老照片）

施工间休息

修好的梯田

修梯田队伍合影

（二）悬空拱券镶嵌式梯田石堰修复技术

清现场

垒拱券

合龙口

垒券顶

回填土

挖券腿

（三）适时耕种

"不违农时，谷不可胜食也"，为了应对复杂多变的气候环境，人们总结出一整套以"蓄水保墒，选用适宜作物和品种、错季适应栽培"为主的山区雨养农业技术体系。

春播：点播玉米

春耕播种谷子（秋笔 摄）

春季播种-摇耧（秋笔 摄）

春季耧播谷子

春季小型播种机播种及播后镇压保墒（秋笔 摄）

春播后踩地保墒（秋笔 摄）

春季播种后踩地保墒（秋笔 摄）

谷子间苗

割谷子（秋笔 摄）

剥玉米

割豆子（秋笔 摄）

牵高粱（秋笔 摄）

秋收——切谷（秋笔 摄）

运粮回家（秋笔 摄）

驮粮回家（秋笔 摄）

打谷场（秋笔 摄）

碾场（秋笔 摄）

挑场（秋笔 摄）

谷堆（秋笔 摄）

筛谷子（秋笔 摄）

筛谷子（秋笔 摄）

风车吹谷（秋笔 摄）

风车吹谷子（秋笔 摄）

谷子丰收啦（秋笔 摄）

晒谷子（秋笔 摄）

摘豆角（秋笔 摄）

摘花椒（秋笔 摄）

丰收的谷子（秋笔 摄）

（四）选种留种　传承万代

妇女在田间进行玉米选穗

玉米场里选穗

田间玉米穗选留种

玉米脱粒时穗选种

玉米脱离后籽粒选种

王金庄1975年玉米丰收

王金庄1975年梯田高粱丰收

1975年梯田谷子丰收

农家玉米留种

农家豆角留种

农家辣椒留种

田间选谷种

（五）欲善其事　先利其器

"工欲善其事，必先利其器。"在修建耕作梯田过程中，涌现出许多铁匠、石匠、木匠等能工巧匠，创制了各种各样的生产工具，并与时俱进，革故鼎新。

1. 铁匠工具

老式圆规

圆　规

打铁炉

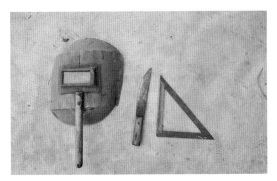

电焊帽、刻刀、三角尺

铁匠在打造农具—火花

铁匠锤及各类铁匠工具

铁匠打制的农具

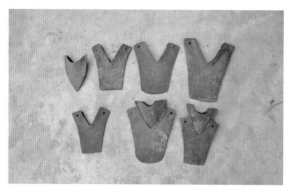

打制的犁豁

2. 石匠工具

石匠凿对臼

铁爪（搬动石头的铁爪）

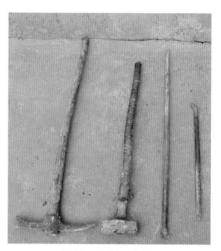

洋镐、大锤、撬棍

錾、锤笼、笼尖、砂轮

小锤、小撬棍

石刻工具

石匠的各类工具

大撬棍

3. 木匠工具

木匠刨木板

木 钻

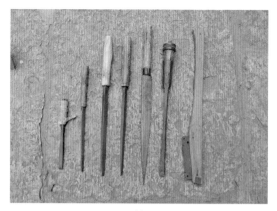

锉

锛

斧头

刨

锯

木匠小工具

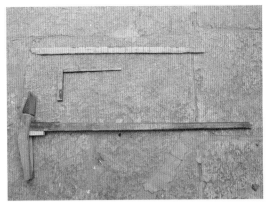

锛、拐尺、直尺

4.常用农具

旋耕机

耢

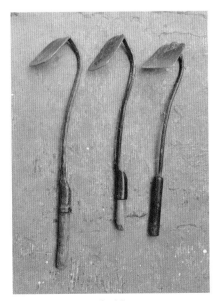

小 锄

大 锄

铁把锄

| 木叉 | 裤镰 | 各种镰 | 镢锄、扚钩 | 镢锄 | 担子 |

| 扚钩 | 老雕嘴 | 耧具 | 三股叉 | 摘花椒的人字梯 | 摘花椒的斜梯 |

| 犁 | 耙 |

铁叉　　　　铁锹　　　齿耙　　　　　　篓驮

犁头　　　　　犁板头　　　　　　　楼

独轮车　　　　　铁排子车　　　　　　纸筋缸

大簸箩

5. 毛驴用具

草刀（切秆草）

驴圈、驴槽

驴背上的鞍子、篓驮

拴驴钩

夹 板

套 缨

二牛杆

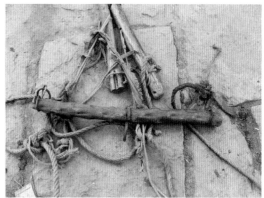

套

赶驴鞭

驴帱

鞍　子

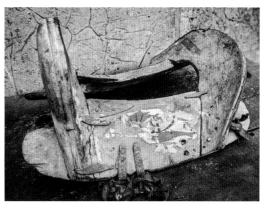

骑　鞍

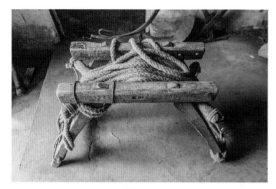

楼架

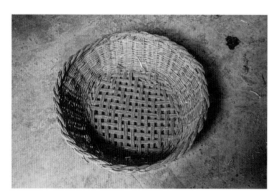

草料筛

草料工具

6. 其他生产用具

风车

野炊小锅与葫芦瓢、碗筷

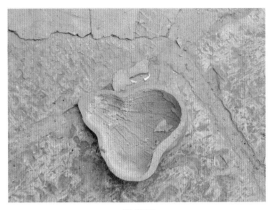

葫芦瓢

筐、篮子

笿　头

圆软篓

软　篓

木棒槌

铁马勺

油 灯

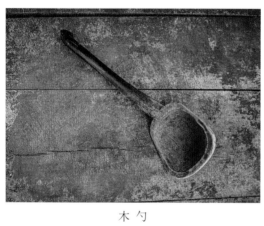

木 勺

簸箕、箩、箩床

水井、辘轳

石 磨

铁锅、水桶

提水器

柴火灶台

木　梯

捣蒜锤

饸饹床

钢 磨

脱皮机

碾米机

（六）口口相传的地方知识—农耕谚语

1. 农时谚语

二月二，龙抬头，千金小姐下彩楼。

二月二龙抬头，"生分"媳妇发了愁。

二月清明（迎春花）花开罢，三月清明不见花。

桃花开杏花败，梨树开花剜韭菜。

过了惊蛰，犁地不能歇。

三月三栽瓜，一个叶两仁。

清明前后，栽瓜点豆。

谷雨（种）谷，不如不（种）。

小满接芒种，一种顶两种。

五月龙嘴夺食。

芒种见麦茬，夏至麦青干。

六月六，看谷绣。

头伏萝卜二伏菜，三伏头上种小菜。

立秋前三天稙白菜，后三天晚白菜。

立了秋，摘一沟。

立了秋锄小苗，种一葫芦打一小瓢儿。

立了秋，挂锄钩。立了秋，把晌丢。

立秋摘花椒，白露打核桃，霜降摘柿子，立冬打软枣，小雪出白菜。

处暑不出头，砍倒喂老牛。

秋分早，霜降迟，寒露种麦正当时。

秋分谷上场，地冻萝卜长。

晨不落，地不冻，赶上毛驴一直种。

热不过三伏，冷不过三九。

要想暖，椿树茹独老大碗。

2. 农耕谚语

饿死老娘，不吃种粮。

儿是前世修，种商儿隔年留。

扣个小鹑（麻雀），还得下把油糠。

好种出好苗，好树结好桃。

见苗三分收。

没土打不成墙，没苗产不出粮。

宁叫挠的脑（脑袋），不叫拍胯了，（宁叫苗稠、不叫苗稀）

种地不上粪，等于瞎胡混。

巧耕作不如多上粪。

犁深加一寸，顶上一茬粪。

犁地不耢，等于胡闹。

伏天挠破皮，顶上秋后犁一犁。

头遍浅，二遍深，三遍锄地擦破皮（中耕）。

秋天划破皮，顶过春天犁一犁。

扫帚响，粪堆长，又干净，又丽靓。

苗薅寸，顶上粪。

饿不死的僧，旱不死的葱。

人哄地皮，地哄肚皮。

麦收八十三场雨（指八月、十月、三月三场雨）

人勤地生宝，人懒地生草。

栽桐树，养母猪，三年下来当财主。

人勤地不懒，种田七分管。

打一千，骂一万，冬至叫驴吃碗面（喂牲口）。

春天有雨长白草，伏天有雨长黄蒿。

柿树不结埋的深，花椒树不结剪的轻。

春天刨土窝，秋天吃一锅。

庄稼一枝花，全靠粪当家。

一个驴粪蛋，一碗小水饺。

（王金庄高产地）沟是大西沟，渠是灰峧渠，坡是康岩坡，地是陈家地，论洼数艾洼。

3.气象谚语

过了闰月年，跑马多种田。

羊马年广种田，只怕鸡猴这二年。

二月二雪水流，圪蔫饼搭墙头。

春雨贵如油。

芒种火烧天，夏至雨绵绵。

五月旱不算旱，六月连阴吃饱饭，七月连阴烂一半。

八月十五云遮月，正月十五雪打灯。

吃了冬至饭，一天长一线。

冰打一条线，风刮一大片。

早霞不出门，晚霞晒死人。

麻葫芦雨，下三天。

山根雾，晒破肚。

早雾晴，晚雾阴，黑来雾了没招架。

天黄有雨，云黄有雪。

夏刮东风海底干，秋刮东风水连天。

云彩往东一场空，云彩往西水簸箕。

东虹忽雷西虹雨，南虹过来发大水，北虹过来卖儿女。

云彩往东，天气就晴，云彩往西，雨点簸箕。

云彩往南，旱地摆船。云彩往北，水淹房脊。

猫大叫，蛇过道，老鼠出洞雨快到。

老鸡进窝早，明天天气好。

蚂蚁搬家蛇溜道，老牛大叫雨就到。

蜻蜓飞得低，出门带雨衣。

屁是屎头，风是雨头。

五月端午不下雨，一个皮钱一粒米。

一九二九不出手，三九四九冰上走，五九六九沿河看柳，七九冻河开，八九燕归来，九九加一九，耕牛遍地走。

4.勤劳节俭谚语

一分钱逼倒英雄汉。

饥不饥，随干粮。冷不冷，随衣裳。

缸口不省缸底省（迟了）。

栽树插柳，十年就有。

会吃的吃千顿，不会吃的吃一顿。

有钱时摆阔，没钱时挨饿。

八十老汉来开荒，一日不死过时光。

5.风土人情谚语

人有小九九，天有大算盘。

人生不读书，活着不如猪。

人情一把锯，你不来我不去。

人不可貌相，海水不可斗量。

人往高处走，水往低处流。

严工做巧匠，快工没好活。

不怕慢，光怕站。

有钱难买鬼推磨。

兔子不吃窝边草。

大河有水小河满，小河没水大河干。

三天不吃糠，肚里没主张。

单丝不成线，孤树不成林。

人凭衣裳，马凭鞍。

远亲不如近邻。

人心换人心，五两换半斤。

要想人不知，除非己莫为。

好事不出门，坏事传千里。

一瓶不响，半瓶晃荡。

丑媳妇总得见公婆。

跟着好人学好人，跟着神婆学跳神。

冰冻三尺非一日之寒。

先小人，后君子，先丑后不丑。

儿多母受苦，蝎子多扎死母。

墙上画马不能骑，镜里烧饼不挡饥。

烂萝卜，先（闲）潮（操）心。

大鱼吃小鱼，小鱼吃虾米，虾米吃污泥。

山上多栽一棵树，山下多得一分福。

人要脸树要皮，没皮没脸不如驴。

6. 保健卫生谚语

贪吃贪睡，添病减岁。
饭吃八成饱，到老肠胃好。
大蒜是个宝，常吃身体好。
冬吃萝卜夏吃姜，不劳医生开药方。
早晨吃饭狼吞虎咽，中午吃饭跑马射箭，晚上吃饭细嚼慢咽。
人怕不动，脑怕不用。
春不减衣，秋不加帽。
春捂又秋冻，到老不生病。
笑一笑，十年少。
不求虚胖，但求实壮。
裤带越长，寿命越短。

（七）百谷丰稔

储藏菜的地窖

储藏粮食的木楦

切 谷

碾 场

谷子脱粒的打谷场（更乐上巷　赵未堂　摄）

谷子丰收

欢乐摘花椒

花椒丰收

晒花椒

晒萝卜丝

山乡金秋（温双和　摄）

农家金秋（魏贺荣　摄）

萝卜回家

（八）产业发展

在沟、坡、岭、峧、垴等多种地貌修筑的梯田，形成了梯田的景观多样性，蕴藏了丰富的生物多样性，保障了人民群众的生计安全，促进了梯田社会的可持续发展。梯田生产的生态农产品正在走向国内外市场。

夏日（赵双风 摄）

毛驴体验

探寻农耕

让洋奶奶抱抱

花　椒

各种小米包装

杂　豆

涉县黑枣

涉县花椒

各种农产品

梯田特色产品

加工花椒

中国坚持山水林田湖草生命共同体，协同推进生物多样性协调治理。

——习近平

六、钟灵毓秀　文化璀璨

闻名遐迩的涉县旱作梯田，不仅养育了一代又一代涉县人民，也造就了涉县人民艰苦奋斗、顽强拼搏，勤劳简朴、世代传承，惜土如金、藏粮于民，爱育万物、珍视环境的崇高精神和思想品格，更创造了石灰岩山区独特的土地利用系统和半干旱地区防灾减灾生产技术体系，并形成了独特的农耕文化以及丰富多彩的民俗文化、毛驴文化、石头文化、饮食文化、民族信仰文化等，促进了农村社会的可持续发展。

（一）石筑家园　因石而美

1. 石器

柱础石

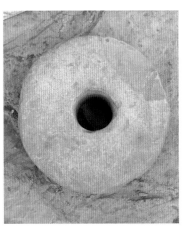
石　墩

拴马桩

鹿儿寺础石　　　　　　　石门档　　　　　　　　　　石 券

石门墩　　　　　　　　础 石　　　　　　　石路、石房、石碾子

石 磨　　　　　　　　　　　　石碌石碾

石　板　　　　　　　　　　　　石碾磙

石桌子　　　　　　　　　　　　长石槽

圆石盆　　　　　　　　　　　　方石盆

浅石槽　　　　　　　　　　　　小方石槽

洗衣石槽　　　　　　　　　　石　槽

水窖（秋笔于2021年 摄）　　石臼（秋笔 摄）　　　水窖盖

石　刻　　　　　　石敢当　　　　　　石刻镇物

石　墙　　　　　　　　　　石　巷

石鸡笼

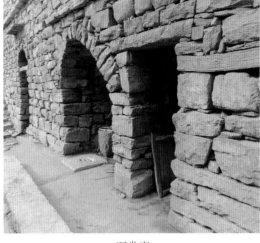

石券窑

石香炉

石　刻

石　刻

石刻游戏图

石刻游戏图

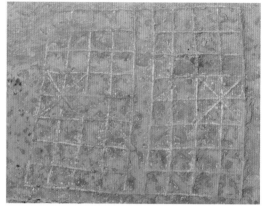

石刻棋盘

石刻游戏图

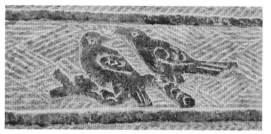

石刻压亭

石刻压亭

石刻压亭

石刻压亭

石门亭

石　刻　　　　石门亭　　　　　石门亭　　　　　石门亭　　　　　石门亭

石刻门亭　　　　石刻门亭—红　　　　石刻门亭—旗　　　　石刻门亭—禄

2. 石头村落

旱作梯田地处石灰岩深山区，梯田依石而修建，村民靠石而生存，村落因石而壮美。走进田间，随处可见无梁无柱、遮风避雨的石庵子；走进村落，随处可见筑自明清、层层叠叠的石屋。石街石巷、石房石院、石阶石栏、石碾石磨、石门石窗，处处是石，家家是石，修田傍着石，睡觉枕着石，在规模宏大的石堰梯田，不仅村落是一座浑然天成的"石头博物馆"，也是村民耳闻目染形成了石灰岩般坚韧诚实的秉性。

社区文化到山村——王金庄（武日强 摄）

王金庄石头民居

王金庄民居（陈永平）

龙行大洼（赵建成）

大洼石头村

梯田下的小山村（朱卫梓）

水墨太行山村（艺影 拍摄于更乐镇南漫驼）

更乐镇甫南漫驼风光（温双和 摄）

关防乡后牧牛池村石巷

关防乡后牧牛池村石巷

明嘉庆年间王金庄石建明房外景

王金庄石村落（秋笔 摄）

王金庄一街村石巷

（二）应季食材　箪食豆羹

长啥吃啥，有啥吃啥。面对干旱缺水的梯田，人们充分利用作物、菜蔬、干鲜果品以及大自然馈赠的各种野菜，制作各种美食，从而依靠贫瘠的山地滋养了一代代子孙。

谷（小米）

小米煎饼

馒头、蕉叶

老玉米、杂粮饭

抿节

小米焖饭

柿饼、软柿、黑枣

窝窝头

绿豆凉粉

花椒芽

晒干豆角

炒土豆条

芥　菜

焖菜丝

干豆角炒肉

韭菜土豆丝

豆角茄丝

菜锅小卷

豆　瓣

豆角籽

两掺面馒头（小麦、玉米）

烧丝瓜

（三）农耕遗存　历久弥新

建于不同历史时期的明国寺、药王庙、奶奶庙等古建筑是梯田文化的重要组成部分。昔日，是人们敬天、祀神、祈求护佑、慰藉心灵的重要场所。如今，成为人们研究梯田文化脉络的载体，打造全域旅游的文化符号。

建于明朝期间的明国寺石碑

王金庄金盘山白玉顶

刘家村龙王庙

西坡村药王庙

青阳山奶奶庙

关帝庙庙堂（涉县井店镇 提供）

（四）民俗文化　丰富多彩

在由血缘和地缘构成的梯田社会里，四季的变奏、节气的运转、岁时节日的庆典和祭祀，承载着民众以礼俗活动为核心的民俗文化，构成了乡土记忆的独特风景。

当地谚语：吃土还土。

人是五谷虫，伴五谷生，吃五谷长，死随五谷去。

这里的习俗：

结婚娶媳妇，当新媳妇进男方家门的时候，男方家里一个全换人（父母其子健在，有儿有女的男人）在大门口向新媳妇头上撒五谷和喜钱。

人去世后，过去是土葬，当下葬后填满完土，封起坟堆后，要向坟堆上撒五谷。

婚礼时，向新娘撒五谷

办丧事，会向死者及其棺材、坟头撒五谷

王金庄梯田丰收舞（秋笔于2020年王金庄 摄）

更乐民俗表演二鬼扳跌

大洼村民俗表演——跑旱船

大洼民俗表演耍狮子

禅房闹元宵（刘四平 摄）

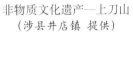

九曲龙灯会（温双和 摄）

非物质文化遗产—上刀山
　（涉县井店镇 提供）

正月十五闹元宵社火（冯承庆 摄）

正月十五闹元宵社火（温双和 摄）

正月十五闹元宵社火（冯承庆 摄）

正月十五闹元宵社火（温双和 摄）

　　我们要同心协力，抓紧行动，在发展中保护，在保护中发展，共建万物和谐的美好家园。

——习近平

七、挖掘保护　开发利用

　　挖掘、保护、开发与利用，这一关乎人类未来的重要农业文化遗产，对应对全球面临的食物安全、资源短缺、环境破坏、气候变化和新冠肺炎疫情等多重挑战，具有重要意义。涉县各级党政领导对传承保护、开发利用梯田工作高度重视，确立了政府主导、专家指导、部门牵头、企业参与、社会资助等多方参与的工作机制，通过多措并举，激发村民内生动力，组织开展梯田、作物品种、村落文化普查及大中专院校学生研学体验等活动，使涉县旱作梯田在传承中得到保护，在保护中得到开发利用。

（一）政府主导　申遗保护

2016年10月，涉县县委、县政府召开申报全球重要农业文化遗产专家咨询会

2016年10月，参加涉县县委、县政府申报全球重要农业文化遗产专家咨询会的专家考察梯田

2019年6月4日，涉县县委、县政府申报全球重要农业文化遗产国际专家咨询会

2018年1月，涉县县政府召开申报全球重要农业文化遗产启动仪式暨专家讲座

2018年涉县举办首届花椒采摘节

2019年，农业农村部国际交流服务中心领导在省市县有关领导陪同下考察旱作梯田

2021年以来，涉县县委、县政府主要领导先后到核心区指导梯田保护与产业发展

涉县旱作梯田系统申报全球重要农业文化遗产大事记

2014年5月29日：涉县旱作梯田系统被认定为第二批中国重要农业文化遗产。

2016年10月19日：涉县召开涉县旱作梯田保护与发展暨申报全球重要农业文化遗产专家咨询会。

2016年10月20日：第三届全国重要农业文化遗产学术研讨会在涉县召开。

2019年6月2—4日：由中国科学院地理科学与资源研究所邀请日韩专家现场考察涉县旱作梯田，并举行国际专家咨询会。

2019年9月7—9日：农业农村部国际交流中心组织驻华使馆负责农业或商务事务的外交官、驻华国际机构代表一行15人来涉县考察调研旱作梯田系统。

2019年7月29日：涉县参加农业农村部全球重要农业文化遗产（GIAHS）申报陈述会。通过申报陈述涉县旱作梯田系统入选农业农村部向联合国粮食及农业组织推荐申报全球重要农业文化遗产（GIAHS）的项目之一。

2019年10月14日：河北省农业农村厅向农业农村部提交"涉县旱作梯田系统申报全球重要农业文化遗产"中英文全套材料。

2019年11月21日：收到农业农村部转来联合国粮食及农业组织第十届科学咨询小组会议"关于修改申报书"的要求。经与中国科学院地理科学与资源研究所会商，于2019年12月9日完成申报书修改，并上报农业农村部。

2020年6月24日：收到GIAHS科学咨询小组第11次会议纪要"GIAHS科学咨询小组专家已决定，待全球范围内新冠疫情得到控制，将赴中国开展实地考察"。

2021年7月23日：FAO官网正式公示候选遗产地名单"涉县旱作石堰梯田（shexian dryland stone terraced system）"。

2022年4月：农业农村部国际交流服务中心通知，fao近期通知，涉县已经进入候选程序，由于疫情原因，fao专家将采取线上考察的形式开展。

2022年5月9日：通过联合国粮食及农业组织全球重要农业文化遗产科学咨询小组专家的线上考察。

2022年5月20日：河北涉县旱作石堰梯田系统被联合国粮食及农业组织（FAO）正式认定为全球重要农业文化遗产（GIAHS）。

（二）专家支持　科学研究

2016年10月农业部全球重要农业文化遗产专家委员会部分专家考查涉县旱作梯田

中国农业大学孙庆忠教授、中央民族大学龙春林教授、中国科学院地理科学与资源研究所宋一青研究员多次带队到涉县考察指导梯田保护与农作物传统农家品种收集保护

2019年在国际专家咨询会期间，来自日韩的专家先后到井店镇王金庄、更乐镇大洼、关防后池考察旱作梯田系统保护与利用

（三）梯田普查 协会活动

　　曾经，在这片神奇的土地上，有许许多多英雄的乡民，他们劈高山、开隧道、修水库、筑塘坝，改造了穷困的面貌，改写了村庄的历史。那些充满激情的岁月虽已渐行渐远，但尽享青山绿岭的子孙并未忘却祖辈的嘱咐。如今，县委县政府确立了政府主导、专家指导、部门牵头、企业参与、社会资助等多方参与的工作机制，多措并举，通过组织开展梯田、作物品种、村落文化普查及小学幼儿园夏令营、大中专院校学生研学体验等活动，激发村民内生动力，使涉县旱作梯田在传承中得到保护，在保护中得到开发利用，代代传承，生生不息。

　　2018年以来，中国农业大学孙庆忠教授、中国科学院地理科学与资源研究所宋一青研究员，指导梯田协会开展梯田与作物传统品种保护

　　2019年至2021年，梯田协会组织会员对王金庄24条大沟120条小沟的梯田及石堰进行详细踏查与测量

2018年至2021年，梯田协会组织妇女会员对王金庄5个街村的所有农户开展作物传统品种收集、种植与保护

2018年以来，利用中国农民丰收节举办之际，梯田协会利用各种形式宣传涉县旱作梯田系统

（四）展望未来　前景光明

发展特色农产品电子商务，推动当地的生态农产品走向市场

利用优良的生态环境，发展生态旅游

挖掘农耕文化，传播传统地方知识，发展研学旅游

各类山野菜 　　　　　　　　　　　甘薯粉条

手工艺品 　　　　　　　　　　　甘薯粉条

各种豆类

各种豆类

花　椒

黑　枣

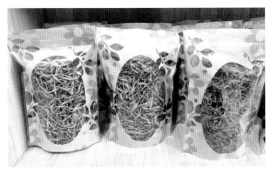

红白萝卜丝

小　米

柳编工艺品

柿　饼

结 束 语

　　开展涉县旱作梯田系统农业文化遗产的挖掘与保护、传承，是涉县县委、县政府贯彻落实习近平新时代中国特色社会主义思想的具体举措，是实施乡村振兴战略的有益探索，是旱作梯田核心区广大干部群众的夙愿，得到了上级党委、政府的关心支持，得到了有关专家学者热情指导，得到了中央广播电视总台、新华网等各级各类媒体的广泛关注。我们将利用这一平台，深入贯彻党的十九届六中全会精神，认真落实习近平"两山"理念和"三农"工作重要指示精神，进一步激发广大干部群众保护、发展旱作梯田系统作用的积极性，为乡村振兴和建设社会主义现代化国家做出新成就；向世界讲好梯田故事，传统农耕智慧更好地示范世界、引领世界。